❸武器・特殊能力対決

もくじ

どっちが強い？ 生き物対決スタジアム どっちがスゴイ？

鼻のよさ対決

イヌ vs. ブタ

イヌは鼻のよさをかわれて、警察犬、災害救助犬などとして大かつやくしているのを知っていますね。
イヌとおなじく、鼻のよい動物がいます。大きな鼻をもつブタです。
さてイヌとブタ、どちらが鼻がよいでしょうか？

訓練をする警察犬。

鼻のよさで人間を助ける

イヌの鼻は寝ているときや、病気のとき以外はいつもぬれていて、においのつぶが、くっつきやすくなっています。イヌのにおいをかぎわける力は、人間の100万～1億倍とされています。このすぐれた鼻で、警察犬や麻薬そうさ犬、行方不明者をさがす災害救助犬として、人間を助けています。

地中のキノコをかぎつける

ブタの鼻はにおいにびん感で、地面の下の食べ物をさぐりあてることができます。ヨーロッパでは、トリュフという、地中にできる食用のキノコをさがすのにメスのブタが使われます。トリュフのにおいが、発情したオスのブタのにおいに、にているからだということです。

トリュフのにおいをかぎわけるメスのブタ。

トリュフはかおりがよく、高級食材です。人工栽培ができないので貴重です。

勝者はどちら？

ブタの勝ち！

においを感じとることに関する遺伝子の数をしらべると、イヌは約800、ブタは約1200ということがわかり、鼻のよさはブタがリードのようです。トリュフをさがさせるには、イヌには訓練がひつようですが、ブタは本能でさがすので訓練はいりません。ただ、ブタは人間の命令をきかずに、さがしたトリュフを食べてしまうことがあるので、最近はトリュフさがしにはイヌが利用されています。

トリュフ、キャビア、フォアグラは世界三大珍味です。キャビアはチョウザメのたまごの塩づけ、フォアグラは太らせたガチョウの肝臓です。

鼻の器用さ対決

アジアゾウ vs. アフリ

ゾウの長い鼻は、食べ物をとったり、水を飲んだり、大かつやくをします。大きな鼻ですが、小さなピーナッツでもつかめるほど器用です。さて、アジアゾウとアフリカゾウ、どちらの鼻が器用なのでしょうか。

鼻のさきのでっぱりが上だけにある

アジアの森林や草原にすんでいるのが、アジアゾウです。鼻のさきのでっぱりは、上だけにあります。このでっぱりをかぶせるようにして、小さなものをつまみます。

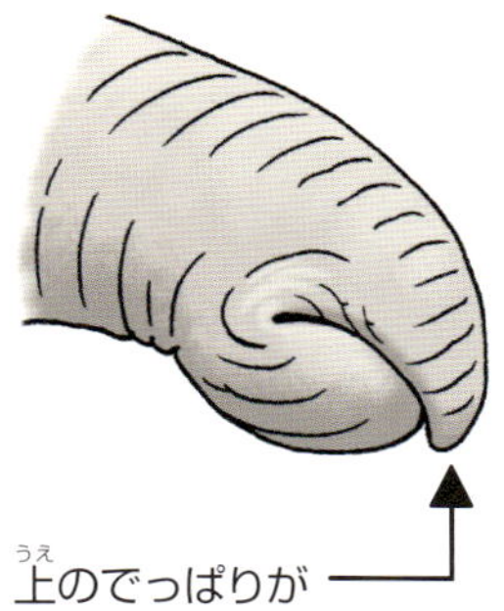

食べ物を鼻さきで受けとるアジアゾウ。

カゾウ

アフリカゾウ

鼻のさきのでっぱりが上と下にある

アフリカのサバンナや森林にすんでいるのが、アフリカゾウです。鼻のさきのでっぱりが、上と下にあります。上下のでっぱりではさむようにして、小さなものをつまみます。

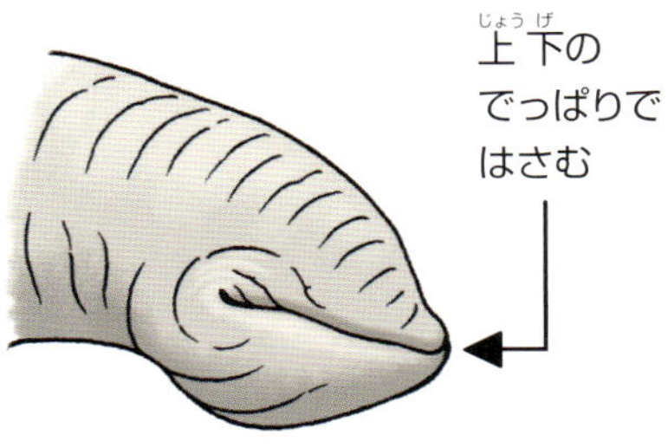

鼻のさきでくだものをつまみ、口にはこぶアフリカゾウ。

勝者はどちら？

アフリカゾウの勝ち？

どちらのゾウも鼻を器用に使って、生きています。どちらが勝ちとは、はっきりとはいえませんが、あえて決着をつけるとしたら、鼻さきのでっぱりが上下にあって、ピンセットのようにはさむことができるアフリカゾウのほうが、器用そうです。

大きなからだのゾウは、長い鼻のおかげで、ひざまづかずに水を鼻に吸いこんでから口にはこんで飲むことができます。また、鼻は草をまきとったりするほかに、泳ぐときにシュノーケルのように呼吸に使ったり、高い木の葉をとったりと、生きていくのにとても役に立っています。

鼻で草をまきとって口にはこぶアジアゾウ。

ゾウの鼻は、上くちびると鼻が合わさっていて、筋肉でできています。鼻のあなは、もちろん2つです。

石頭対決

オオツノヒツジ VS. 石

ヒツジやウシはオスどうし、なわばりやメスをめぐって頭をぶつけ合ってあらそいます。
石頭恐竜のパキケファロサウルスのなかまも、おなじようにあらそったようです。石頭対決、どちらが勝つでしょうか。

角をぶつけあうオス。

頭つきであらそうオス

角はメスよりオスが大きく、長さは120cm、重さは14kgになることがあります。オスどうしは、まず角をみせつけ合います。それでも勝負がつかないときは、いきおいをつけて角どうしをぶつけ合います。動物はなわばりや、けっこんあいてをめぐって、あらそいをしますが、きばやつめなどの武器を使わずに勝負をつけます。野生では、きずつくことは、死につながることがあるからです。

頭恐竜

パキケファロサウルスの頭の化石。

頭の骨がぶあつい

頭のてっぺんに、ぶあつい骨がある植物食の堅頭類という恐竜のグループです。7200万〜6600万年前にいました。代表種はパキケファロサウルスで、パキはあつい、ファロは頭、サウルスはトカゲという意味です。骨のあつさが25cmもある種もいました。現代のヒツジやウシのなかまのように、頭をぶつけることで、なわばりやメスをめぐってあらそったと、かんがえられてきました。

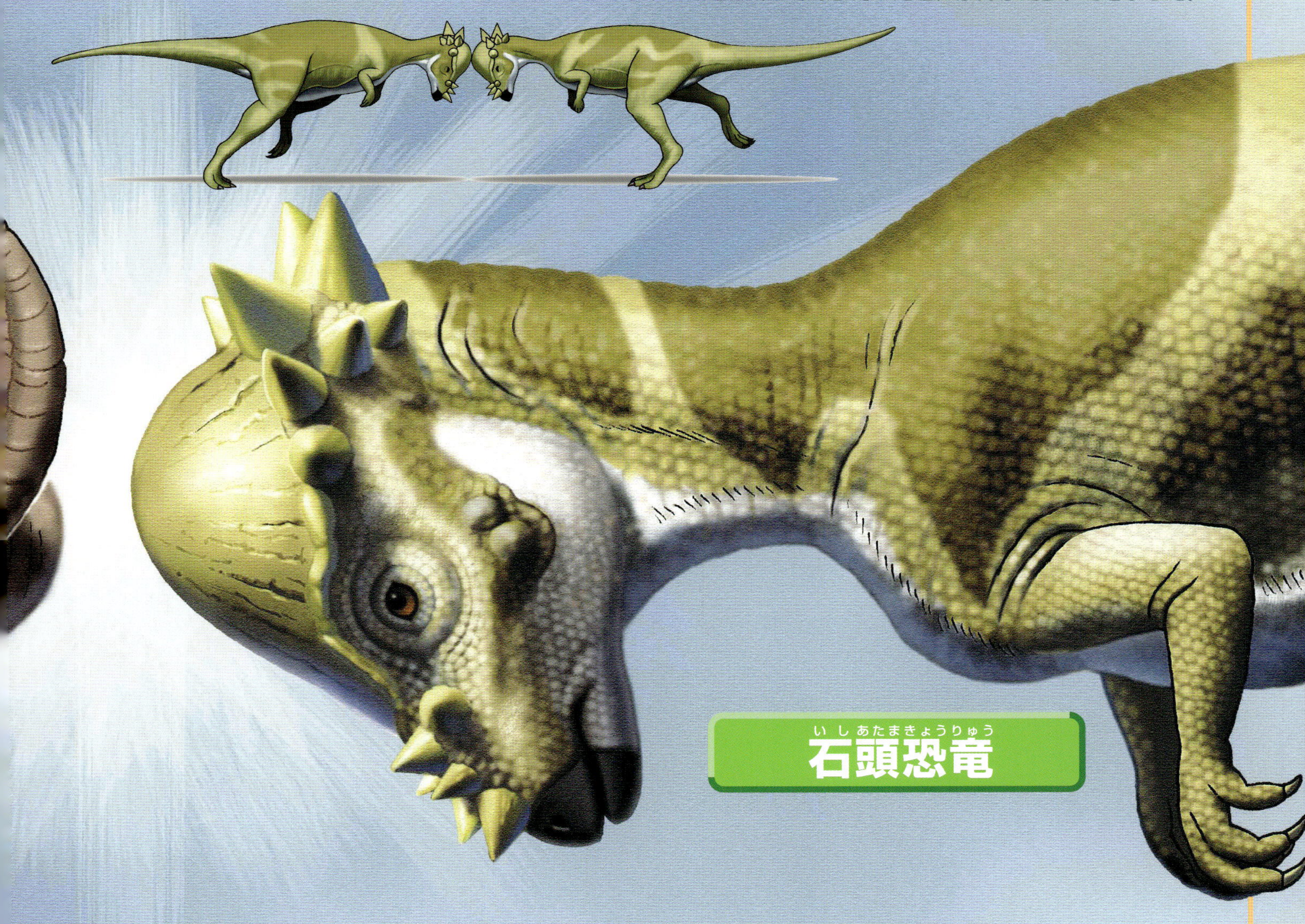

勝者はどちら？

オオツノヒツジの勝ち！

パキケファロサウルスのなかまの首の骨をしらべていくと、それほどがんじょうではないことがわかりました。かたい頭をぶつけ合うと、首にひどいダメージを受けるので、2頭がならんで、お互いのわき腹を頭でおし合ったのではないかとする研究もあります。この説によれば、角をぶつけ合うときに、ガツーンと大きな音がするほどはげしい、オオツノヒツジに軍配が上がりそうです。

頭のよさ対決

猿人VS.チンパンジー

いまから390～290万年前、東アフリカにいたアファール猿人は、人類の祖先です。復元されたすがたはサルのようですが、もっとも人類に近いとされるチンパンジーとどちらが頭がよいのでしょうか。

アファール猿人の足あとの化石が発見され、ふたりがならんで歩いていたのではないかとかんがえられています。
左の手前がメス、右がオスです。

アファール猿人

直立して2本の足で歩いた

人類が、チンパンジーとの共通の祖先からわかれて、独自の進化をはじめたのは700万年前で、アファール猿人は、それから300万年以上たったころにいた人類です。身長は1～1.5m、脳の容量は約420ccほどだとされています。化石の研究から、現代人とおなじように、2本の足で直立していました。

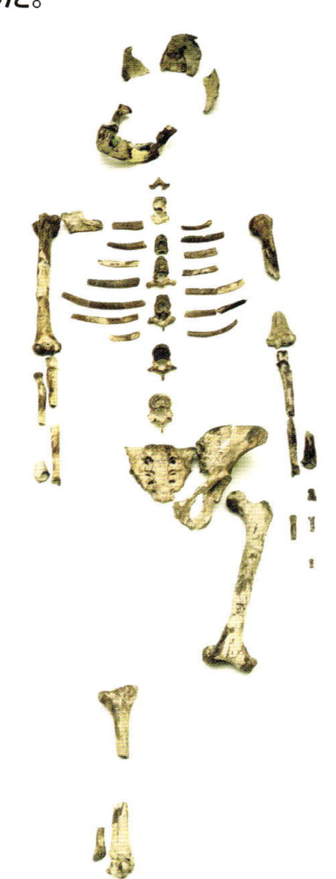

発掘した研究者に「ルーシー」とニックネームをつけられた、320万年前のアファール猿人のメスの化石。身長1.1m、体重約29kg。

チンパンジー

道具を使う!!

人間にもっとも近い動物で、アフリカのサバンナや森林にすんでいます。体長は74～96㎝、脳の容量は約400ccです。頭がよくて、草のくきやえだでシロアリをつって食べたり、かたい木の実をわるのに石を使ったりするなど、道具を使います。人間の2～4歳くらいの知能があるとされます。

シロアリの巣に木のえだをさしこんで、かみついてくるシロアリをつるチンパンジー。

脳が大きいとかしこい?

人間のひたいは垂直に立っていて、頭のてっぺんはまるくふくらんでいますね。大きな脳があるからで、おとなで1400ccという容量です。人間は、大きな脳をもつ、もっとも頭のよい生き物ですが、ただ大きさだけなら、からだの大きなどうぶつほど大きな脳をもちます。からだの大きさにくらべて、脳がどれだけ大きいかを計算したものが、本当の脳の大きさです。この計算でだす数値（大脳化指数という）が大きいほど、かしこいといえます。

勝者はどちら?

猿人の勝ち?

どちらもからだの大きさ、脳の容量はにかよっています。では、からだの大きさに対する脳の大きさをあらわす数値（大脳化指数）はというと、ある研究でアファール猿人が2.5、チンパンジーが2ということで、アファール猿人のほうが頭がよいとされました。
ちなみに現代の人間は、なんと5.8と飛びぬけています。

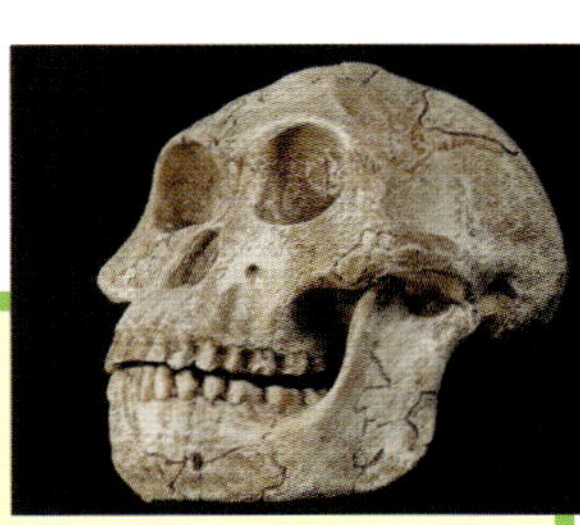

アファール猿人の頭骨の化石。

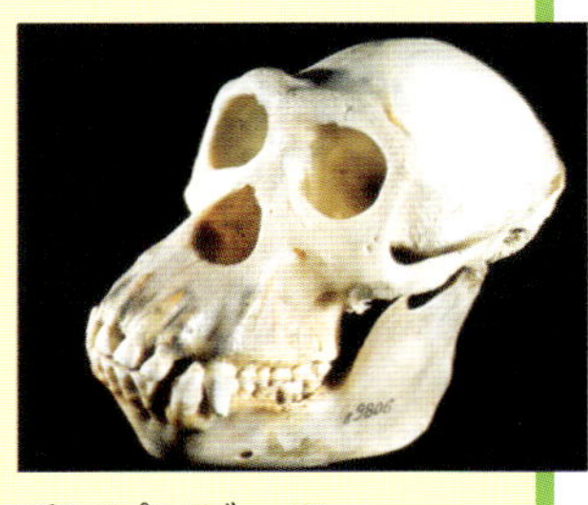

チンパンジーの頭骨。

角の強さ対決

サイ vs. トリケラトプス

サイは、大きな角をもつ動物です。
角は武器や、オスどうしの力くらべのシンボルとして使います。
6600万年ほど前にいた、サイのようなすがたの恐竜トリケラトプスも大きな角です。どちらの角が強いでしょうか。

サイ

サイの頭の骨。角と骨は、ついていません。

サイの角の断面。細い毛のようなせんいがぎっしりとあります。

角は毛のたば！

サイの頭の骨をみてみると、角がありません。角はケラチン質という、たんぱく質のせんいがぎっしりと集まったものです。ケラチン質というのは、わたしたちの毛やつめの成分です。サイはこの角を使って、敵から身を守ったり、オスどうしが角をつき合わせて力くらべをします。

角は骨！

恐竜のトリケラトプスは、頭に３つの角をもっています。頭の化石をみると、角は頭の骨の一部であることがわかります。トリケラトプスはこの角をつきつけて、敵から身を守ったようです。

トリケラトプス

トリケラトプスの化石。頭の骨から角が生えています。

勝者はどちら？

トリケラトプスの勝ち

サイの角はかたいとはいえ、毛のたばのようなものです。トリケラトプスの骨でできた角とつき合わせの勝負をしたら、かんたんに折れてしまうでしょう。この勝負はトリケラトプスの勝ちです。

トリケラトプスのトリは３つ、ケラは角、トプスはかおという意味です。

前足の器用さ対決

タヌキ vs. アライグマ

タヌキはイヌ科で、アライグマはアライグマ科の動物です。
どちらも、かおつき・からだつきがよくにていますが、
足のつくりがちがいます。
どちらがより器用な前足をしているのでしょうか。

タヌキ

前足のゆびがみじかい

タヌキはイヌのなかまなので、前足のつくりもイヌによくにています。ゆびがみじかいのがとくちょうで、足あとにもそれがよくあらわれます。

ゆびの肉球がふっくらしています。

プラス1情報

タヌキとアライグマのみわけかた

足のつくりのほかにも、タヌキとアライグマをみわける方法があります。

タヌキ

尾はみじかくて、リングもようはない。
かおにすじもようはない。

アライグマ

かおのまん中に、黒いすじもようがある。
尾はふとくて長い。リングもようがある。

アライグマ

前足の足あと

前足のゆびが長い！

アライグマの前足のゆびは、それぞれが長くて、しかもひらくことができます。アライグマというなまえは、水の中に前足をつっこんで、ザリガニや小魚などのえさをさぐるようすが、ものをあらっているようにみえることからつけられました。長いゆびで、えさをつかむことができるのです。

また、アライグマは長いゆびを使って、木にのぼることができます。オオカミなどの敵から身を守るためです。

動物園では、えさを水につけてあらうような動作をします。えさをさがす野生の習性がのこっています。

するどいつめのついた長いゆびで、木にのぼります。木の上はあんぜんな場所です。

アライグマの勝ち

この勝負は、アライグマの勝ちです。タヌキの前足のゆびはみじかく、ゆびをひらくことができません。アライグマは、ペットとして日本に輸入されました。飼いきれなくなったものが野山にすてられ、繁殖しています。日本の気候がなじんだのと、器用な足を使って生きのびたのです。

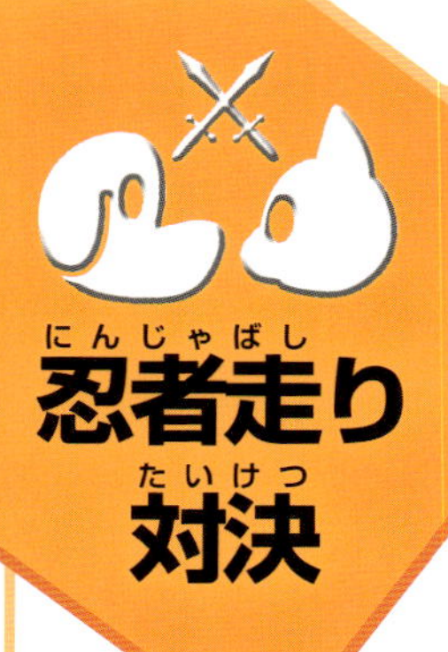

忍者走り対決

バシリスク VS. エリマキ

トカゲのなかまのおおくは 4 本足で、はって移動しますが、中には後ろ足の 2 本で忍者走りすることができるものがいます。バシリスクとエリマキトカゲです。
どちらの走りがすごいでしょうか。

後ろ足を回転させるように動かして、水の上を走るバシリスクのなかま（グリーンバシリスク）。

水の上を走る！

バシリスクのなかまは全長 60～80cm で、中央アメリカの水辺の森林にくらします。昆虫や果実などを食べます。敵におそわれると、後ろ足で立ち上がって走り、ときには水の上でもダッシュできる、まるで忍者のようなトカゲです。泳ぎやもぐりも得意で、水のそこにじっとして敵をやりすごします。

いつもは水辺の木のえだなどにいます。グリーンバシリスクのオスには、頭にトサカがあります。

トカゲ

エリマキトカゲ

前足をだらりと下げたまま走ります。移動はほとんど2本足です。

移動はいつも２本足で走る

エリマキトカゲは、首のまわりのエリマキのようなひだがとくちょうです。全長 60～90cm で、オーストラリア北部、ニューギニア南部の林にくらします。昆虫を食べます。いつもは木にいますが、えものの昆虫をみつけたり、敵におそわれると、後ろ足で立ち上がり走ります。４本足で、はうよりはやく、立ったほうがえものをみつけやすいからといわれています。

木のみはらしのよいところにいて、えものの昆虫をさがします。

プラス1情報

エリマキはなんのため？

エリマキは骨でささえられた皮ふで、敵におそわれたり、きけんがせまると広げます。からだを大きくみせ、敵をおどす効果があります。

まさにエリマキをつけたトカゲです。

勝者はどちら？

バシリスクの勝ち？

バシリスクは、おもにきけんがせまったときに２本足でダッシュしますが、エリマキトカゲはたいていの場合、２本足で走ります。エリマキトカゲのほうが、２本足走行が得意そうですが、バシリスクの足がしずむ前につぎの足をだす、迫力の忍者走りの勝ちでしょうか。

トカゲのなかまは、は虫類です。は虫類の「は」は漢字で爬とかき、「はう」という意味です。

ハリセンボンVS.ムラ

生き物にとって、からだのとげは、いのちを守るたいせつな武器になります。海にすむ生き物であるフグのなかまのハリセンボンと、ムラサキウニは、からだ中にとげをまとっています。どちらのとげがおおいでしょうか。

ハリセンボン

とげを立てたハリセンボン。

ふだんはたたまれているとげ

ハリセンボンはフグのなかまで、日本各地の沿岸のあさい場所にすんでいます。全長は30cmほどです。フグのなかまなのに毒はなく、そのかわりに、からだに生えたとげで身を守ります。とげは、ふだんはたたまれていますが、大きな魚などの敵におそわれると、水や空気を吸ってからだをふくらませることで、イガのように立ちます。とげは約350本あります。

とげをたたんだハリセンボン。

とげは、うろこが変化したものです。

サキウニ

ムラサキウニ

あさい岩場にいるムラサキウニ

動かすことができるとげ

ムラサキウニは日本特産のウニで、沿岸の岩場などのあさい場所にいます。からの直径は約 6cm で、とげもほぼおなじ長さです。とげの根もとには筋肉があって、動かすことができ、とげのあいだにある管足とともに、移動に使われます。とげは約 2800 本もあります。

毒のとげをもつウニ

ムラサキウニのとげには毒がありませんが、ガンガゼというウニのとげには毒があります。からの直径は 5 ～ 9cm で、とげは 20 ～ 30cm もあります。とげは細くてささりやすく、すぐにおれます。磯にいくときは注意しましょう。

ガンガゼのとげにはかえしがあって、ささるとぬけにくくなっています。

勝者はどちら?

ムラサキウニの勝ち

ムラサキウニのとげは 2 千本以上もあり、ハリセンボンには千本もありませんでした。この勝負は、ムラサキウニの勝ちです。日本語では、たくさんあることをあらわすのに千という字をよく使います。ハリセンボンは、とげだらけのすがたからついた名前です。

ほ乳類のハリネズミや、単孔類のハリモグラは、約 5000 ～ 10000 本のとげをもっています。

武器対決

カマキリ vs. スズメ

カマキリのなかまは、昆虫やクモなどをとらえるハンターで、武器はかまのような前足です。いっぽう、スズメバチのなかまも、虫などをとらえるハンターで、武器は毒ばりです。いったいどちらが強いでしょうか。

カマキリ

とげのあるかまが武器

長い前足には、とげが生えていて、かまのようです。葉のかげなどでまちぶせをし、えものが近づくと前足でとらえて食べます。カマキリのなかまは、完全な肉食性です。

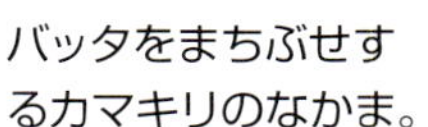

バッタをまちぶせするカマキリのなかま。

前足で、はさむようにえものをとらえます。

スズメバチ

毒ばりが武器

スズメバチの武器は、腹のさきにある毒ばりです。毒ばりをえものにさしてよわらせてから、大あごでかみくだいて肉だんごにし、巣にもちかえります。スズメバチは、分業のすすんだ社会をつくります。

樹液にやってきたスズメバチのなかま。花のみつ、花粉なども集めます。

腹をまげて、えもののセミに毒ばりをさすスズメバチのなかま。

はりは、たまごを生む管が変化したもので、メスにしかありません。

バチ

スズメバチをつかまえた!

カマキリのなかまが、スズメバチを武器のかまでつかまえました。

勝者はどちら?

不意うちならカマキリ、正面対決ならスズメバチの勝ち

カマキリは、まちぶせタイプの狩りをします。不意うちならカマキリの勝ちでしょう。しかし、スズメバチのなかまには、おなじ巣のなかまがいます。不意うちが成功しても、スズメバチになかまがいれば、ぎゃくにとらえられるでしょう。また、1対1でも、正面対決ならスズメバチが強いとかんがえられます。総合すると、スズメバチがやや強いでしょうか。

スズメバチのなかまの腹は、黒と黄色のしまもようでめだちます。これは鳥などの敵に、毒ばりがあることを知らせるサインです。

糸のあやつり対決

ナゲナワグモ vs. メ

クモはあみの巣をつくったり、ぶら下がったり、糸をいろいろなことに使います。ナゲナワグモとメダマグモのなかまは、糸をえものをとらえるのに使います。さて、どちらがたくみに糸をあやつることができるでしょうか。

オーストラリアにいるナゲナワグモのなかま。

糸をなげなわのように使う

ナゲナワグモは、夜行性です。さきにネバネバのたまがついた長い糸をくるくるまわし、えもののガになげつけ、からませてつかまえます。まるでカウボーイのようです。

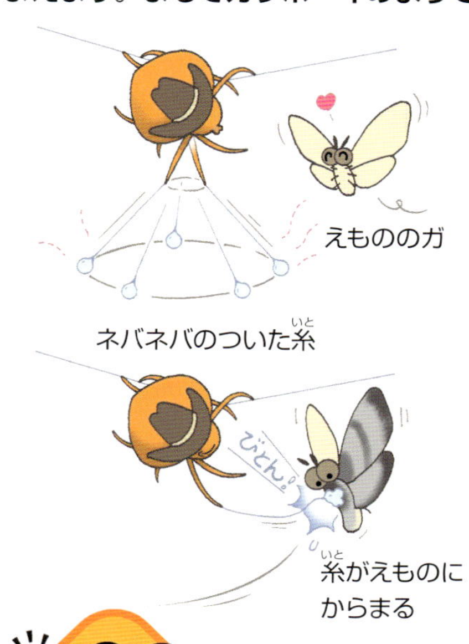

プラス1情報　日本にもいるナゲナワグモ

日本にも、なげなわを使ってえものを狩るクモがいます。ムツトゲイセキグモとマメイタイセキグモで、どちらも本州中部以南にいます。

ムツトゲイセキグモ。

ダマグモ

アジア、アフリカ、オーストラリア、アメリカ大陸の熱帯雨林にすんでいます。

メダマグモ

糸をあみのように使う

メダマグモのなかまは夜行性で、目が大きく、夜でもよくみえます。糸で小さなあみをつくり、木のえだなどにぶら下がり、あみをかまえます。下をとおるえものの虫に、そのあみをかぶせてとらえます。

バッ！

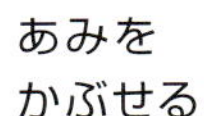
あみをかぶせる

いろいろな糸の使いかた

クモは、糸をいろいろなことに使います。クモの子どもは、えだのさきやくいなどの高いところにいて、長い糸をのばします。糸が風をうけるとバルーンとなり、空を飛んで移動することができます。また、ヒラタグモというクモは、家のかべなどに巣をかまえ、その中にいます。巣からは放射状に受信糸という糸がのびていて、これにえものがふれると、巣からとびだしてつかまえます。

バルーンのように使う

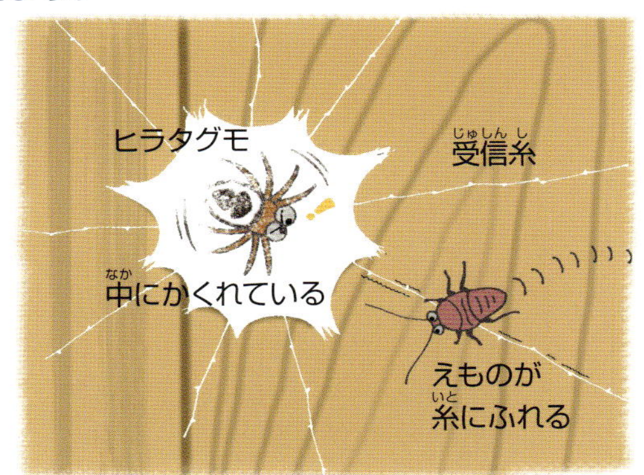

勝者はどちら？

ナゲナワグモの勝ち!?

どちらもたくみに糸をあやつるのにおどろきます。ナゲナワグモのネバネバのたまには、えもののガのメスのにおいににた物質がついていて、そのにおいでガのオスをおびきよせ、なげなわをからませます。手のこんだ糸の使いかたをする、ナゲナワグモの勝ちでしょうか。

イセキグモのなかまもおなじ行動をするので、そちらもナゲナワグモともよばれます。

毒の強さ対決

ハブ vs. キングコブラ

毒ヘビは、敵をひるませたり、えものをよわらせたりするのに毒を使います。日本にいる毒ヘビの代表の一種ハブ（ホンハブ）と、インド～東南アジアにいる、世界的に有名な毒ヘビの代表の一種キングコブラは、どちらの毒が強いでしょうか。

ホンハブ。夜行性で、日中は植物のかげ、あな、石垣などにいます。

きばは細くてせんさいです。

ハブ

ハブの毒は血管をこわす

ハブ（ホンハブ）は、奄美～沖縄諸島にいます。全長は1～2.2m。山地から平地、人家周辺にもいます。えものはネズミ、は虫類など小動物で、かみついて、きばから毒液をそそぎこんでよわらせてから、まるのみします。毒は血管、内臓などをこわします。

プラス1情報 ヘビの毒

毒ヘビには、かみつくことで、きばにあるみぞや管から毒をおくるタイプと、きばのとちゅうにあるあなから毒をふきかけるタイプがいます。毒には血管などの細ぼうをこわす作用があるものと、神経をまひさせる作用があるものとがあります。

かみつく
毒をふきかける

きけんがせまると、
かま首をもたげて、
首の部分を広げて
おどします。

キングコブラ

コブラの毒は神経をまひさせる

キングコブラは、インド～東南アジアの森林にいる世界最大の毒ヘビで、全長は 3.6 ～ 4.6m もあります。えものはおもにほかのヘビやトカゲなどで、かみついて、きばから毒をそそぎこんでよわらせてから、まるのみします。ほかのヘビを食べるので、キング（王様）のなまえがあります。毒は神経をまひさせます。

日本にもいるコブラのなかま

コブラのなかまは、日本にもいます。海にすむウミヘビのなかまで、その毒の強さは、マムシの 70 倍以上！ ただウミヘビは口が小さいので、人がかまれることは少ないようです。

波打ちぎわにいるエラブウミヘビ。

勝者はどちら？

キングコブラの勝ち！

日本にふつうにいるマムシの毒の強さを 1 とすると、ハブの毒はじつは 3 分の 1 ほど。でも、ハブはからだが大きく、毒の量がマムシよりずっとおおいので、かまれるとあぶないのです。

いっぽうキングコブラの毒は、マムシの 12 倍も強く、からだも大きくて毒の量がおおいので、ゾウさえ死んでしまうといわれています。この勝負、キングコブラの圧勝です。

マムシ。全長は 45 ～ 60cm。

世界でいちばん強い毒をもつヘビは、オーストラリアのインランドタイパンというコブラのなかまで、マムシ毒の 800 倍の強さです。

殺人毒対決

ヒョウモンダコ vs. アン

海には、強力な毒をもつ生き物がいます。毒はえものをとらえるときに使ったり、敵から身を守るために使ったりします。人をも殺す毒をもつ、ヒョウモンダコとアンボイナガイのどちらの毒が強力でしょうか。

きけんがせまったり、こうふんしたりすると、黄色の地に、青い輪のもようがうかび上がります。

ふだんはまわりにとけこむような色です。

フグとおなじ強力な毒！

全長 12cm ほどの小さなタコで、あたたかい海の潮だまりや岩礁にいます。からだは小さいですが、テトロドトキシンという、フグとおなじ毒をもち、えもののカニやエビにくちばしでかみつくと、毒をだして、えものをよわらせて食べます。人がかまれると、呼吸まひになり、死ぬこともあります。ふだんはまわりにとけこむ色ですが、きけんがせまると、輪のもようがかがやくような青色になり、敵に毒があることを知らせます。

ボイナガイ

殺人モリでしとめる

イモガイという巻貝のなかまのひとつで、からの長さ 8 ～ 12cm、日本では紀伊半島より南の太平洋岸にすんでいます。口にサヤにつつまれた、歯舌歯というモリがあり、モリをえものの魚などにうちこんで、毒をおくりこんでよわらせてから食べます。人がさされると、はき気、めまいなどにおそわれ、呼吸まひで死ぬこともあります。

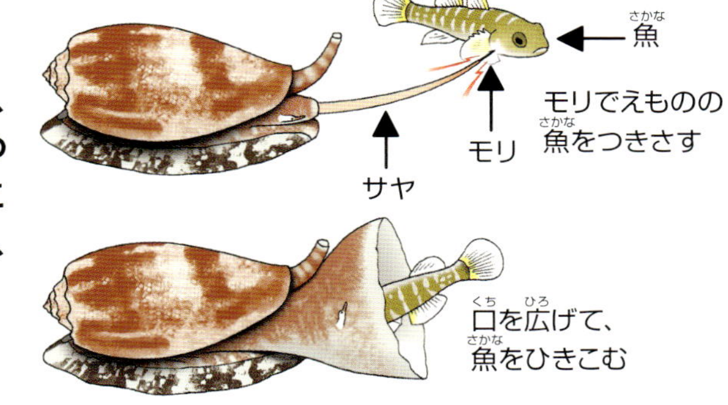

カツオノエボシの毒は？

夏になると、海水浴場などにカツオノエボシというクラゲが流れつきます。長い足に刺胞という毒をためた部分がたくさんあり、刺胞から毒のはりをだして魚などをとらえます。毒の強さは、ヒョウモンダコの半分以下ですが、人がさされると、水ぶくれ、はき気などをおこします。

ふくろの部分で海面にうきます。

勝者はどちら？

アンボイナガイの勝ち

ヒョウモンダコの毒の強さを1とすると、アンボイナガイの毒の強さは 1.7 で、アンボイナガイの勝ちです。日本ではダイバーなど、30 人ほどがアンボイナガイにさされて死亡しています。ヒョウモンダコでも、オーストラリアなどで、ダイバーや海水浴客が死んでいます。

タコのなかまは敵におそわれると、スミをはいて敵の目をくらませてにげますが、ヒョウモンダコは毒があるためか、スミをはきません。

絶食対決

ペンギン VS. クマ

子育てにかかりきりになるとか、長い冬をこすためにとか、生き物の生活で、長い絶食をしなければいけないことがあります。ペンギンとクマ、どちらがより長く絶食にたえられるでしょうか。

ペンギン

からだにためたしぼうでしのぐ

ペンギンの中でも、もっとも子育て期間が長いために、絶食期間が長くなるのがコウテイペンギンです。とくにオスは、メスと交尾する3～4月から、ひなが生まれて、メスと子育てを交代するまでの7～8月まで、約120日間を絶食します。産卵のあと、メスが海にでてひなのためのえさをおなかにためるあいだ、オスはたまごを足にのせてふ化させ、メスがもどるまでひなのせわをつづけます。絶食のあいだ、からだにためたしぼうを使ってたえ、40kgの体重が20kgになります。しかも絶食の期間は、よりによって南極の真冬。ひなが巣立つのが、食べ物の豊富な夏になるように合わせるには、真冬から子育てをはじめなければならないからです。

ひなを足の甲にのせ、
おなかのたるみをかぶせて
寒さから守ります。

3～4月	5～6月	7～8月	
繁殖地へいき、メスと交尾	たまごをあたためはじめる	ひなが生まれる	メスがもどってきて子育てを交代

120日

おなかにたっぷりとえさをつめこんで、ひなのもとにもどる親たち。

クマ

生まれた子どもは、母親と行動します。

冬眠でからだのかつどうをおとしてしのぐ

冬になると、野外で食べ物をみつけるのは困難になります。クマ（アメリカグマ）は冬になる前に、たっぷりと食べて、からだにしぼうをためこみ、木のほら、岩のすきま、土のあななどで冬眠をして冬をこします。冬眠は平均して 120 日ほどですが、150 日間は絶食にたえるといわれています。冬眠のあいだ、体温を 38℃から 31 ～ 34℃に下げ、呼吸は毎分 40 ～ 50 回から 8 ～ 19 回に下げ、からだのかつどうをおさえます。

母グマ　子グマ

体温 38℃ → 31 ～ 34℃
呼吸 毎分 40 ～ 50 回 → 8 ～ 19 回

人間は 100 日間！

われわれ人間はどれだけの長さ、絶食にたえることができるでしょうか。なんと 100 日間と、コウテイペンギンにせまる数字です。もちろん水は飲むということが前提です。

勝者はどちら？

長さでクマ きびしさでペンギン

クマ（アメリカグマ）は最長で 150 日間、ペンギンは 120 日間ですので、長さでいえばクマの勝ちです。しかしクマが寒さをさけて、あななどにこもるのに対して、ペンギン（コウテイペンギン）はマイナス 20℃、ブリザードがふきあれる中での絶食です。きびしさでいうとペンギンの勝ちです。

生き物は絶食すると、まずしぼう、しぼうがなくなるとたんぱく質を使ってエネルギーにします。

変身対決

カメレオン VS. イカ

敵の目をあざむいたり、えものにみつからないように近づいたりするために、からだの色を変えて、まわりの景色にとけこむ生き物がいます。変身が大得意なカメレオンとイカのなかまの勝負、どちらが勝者？

ふだんはだいたい緑色をしています（パンサーカメレオン）。

青っぽい色になりました（パンサーカメレオン）。

赤～茶色になりました（パンサーカメレオン）。

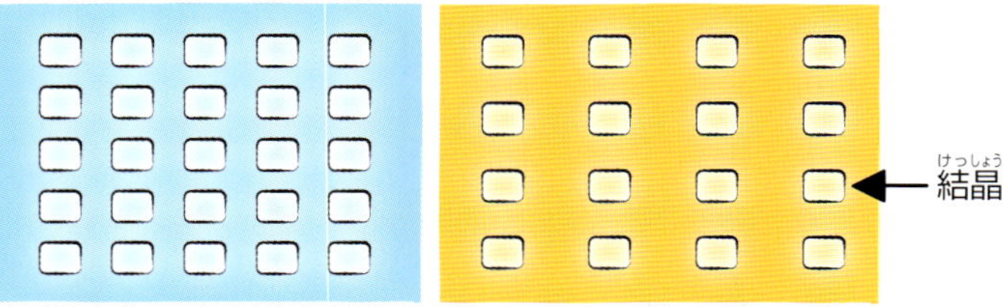

結晶のならびが密のとき（左）は、青い色を反射。ならびがまばらのとき（右）は、黄色～赤色を反射します。

細ぼうの結晶のならびを変える

カメレオンのなかまは、敵やえものからみつかりにくいように、まわりにとけこむように、からだの色を変えます。また、メスよりオスのほうが、からだの色を変化させるのが得意で、メスに対してアピールしたり、ライバルのオスに対して威かくしたりするためにも、からだの色を変えるとかんがえられています。

カメレオンの皮ふの下には、小さな結晶をふくんだ細ぼうの層があります。この結晶は光を反射します。リラックスしているときは、結晶が密にならんでいて、青い光を反射します。興奮すると、結晶のならびがまばらになり、黄色～赤色の光を反射し、からだの色が変化します。

イカ

コブシメの恋のバトル。手前のメスを守るために、まん中のオスはライバルのオスに対して、からだの青白い色の帯をはげしく変化させ、動かすことで威かくをしています。

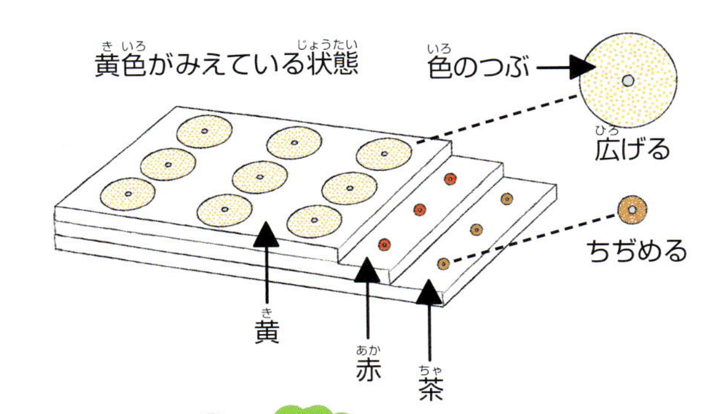

まわりの色にとけこむ色になっています。

黄色がみえている状態

色のつぶ

広げる

ちぢめる

黄

赤

茶

色のつぶをもつ細ぼうの大きさを変える

イカのなかまは、敵のイルカや、えもののカニにみつからないように、からだの色をまわりにとけこむ色にします。また、繁殖の時期、メスをめぐってたたかうオスは、からだの色をはげしく変えて威かくをくりかえします。

イカの皮ふには、色のつぶをふくんだ細ぼうの層があります。その細ぼうをまわりの筋肉が広げたり、ちぢめることで色が変わります。広げると色がみえるようになり、ちぢめると色がみえなくなります。細ぼうの層は黄、赤、茶があり、3つの層の色のくみ合わせで、いろいろなからだの色になります。

勝者はどちら?

イカの勝ち!

カメレオンは神経の作用で色を変えます。かんぜんに変わるには、2分間ほどかかります。イカのなかまは、色のつぶがある細ぼうの大きさを筋肉の力で変えます。その変化はいっしゅんです。変化が連続すると、まるで色の帯が動いているようにみえます。また、色だけではなく、まわりのようすに合わせて、皮ふにでこぼこをつくるなど、変身はたくみです。この勝負、イカの勝ちです。

イカとおなじく、タコのなかまもいっしゅんでからだの色を変えることができます。

登場する生き物のかいせつ

アジアゾウ 8-9

●体長 5.5~6.4m
●体重 オス平均3.6t、メス平均2.72t
●分布 インド、東南アジア

森林や草原にすんでいます。メスと子どもで群れをつくります。食べ物は草、木の葉、種子、根などで、食べ物をもとめて移動しながら生活をします。

アファール猿人 12-13

約390～約290万年前に、アフリカの東部にいた現代人の祖先アウストラロピテクス·アファレンシスです。直立して2本の足で歩いていました。身長は1～1.5mで、脳の容量は約420cc（現代人はおとなで1400cc）ほどでした。1頭のオスと数頭のメス、子どもとくらしていたのではないかとされています。

アフリカゾウ 8-9

●体長 6~7.5m
●体重 オス平均6t、メス平均2.8t
●分布 アフリカのサハラ砂ばく以南

ひらけた林や草原にすんでいます。最年長のメスを中心に、血のつながりのあるメスと子どもが10～50頭の群れをつくります。草や木の葉を食べます。

アメリカグマ 31

●体長 1.2～2m
●体重 50～270kg
●分布 北アメリカ

森林にすみ、果実、草、昆虫、魚などを食べます。木登りが得意です。

アライグマ 16-17

●体長 40～60cm
●体重 6～10kg
●分布 北～中央アメリカ

タヌキににていますが、アライグマ科です。ペットとして輸入されたものが、飼いきれなくなって野山にはなされて、日本で野生化しています。カエル、鳥、ネズミ、果実などなんでも食べます。足のゆびが長くて、とても器用です。

アンボイナガイ 28-29

●からの長さ 8～12cm
●分布 伊豆諸島、紀伊半島以南のサンゴ礁

イモガイのなかまで、インドコブラの37倍という強力な毒のあるモリをえものの魚にうちこんでとらえ、まるのみします。人がさされて、死亡することもあります。

イカ 32-33

世界中の海にさまざまなイカがいます。魚やエビなどをとらえて食べます。からだにとりいれた水を、ろうとから吹きだしてすすみます。

石頭恐竜 10-11

頭のてっぺんに骨のもり上がりがあり、ぶあつくなった恐竜をまとめて、石頭恐竜とか堅頭竜といいます。パキケファロサウルス、ステゴケラス、ドラコレックスなどがいます。

イヌ 6-7

約1万5000年前、中東で野生のオオカミから家畜化されたとされていますが、最近の研究で3万2000～1万9000年前にヨーロッパでオオカミから家畜化されたという説もあります。リーダー的なペアを中心にした群れをつくる、オオカミの習性をのこしています。頭がとてもよく、嗅覚や聴覚にすぐれています。とくに嗅覚はすばらしく、においを感じる細ぼうが人間では約500万個なのに対し、イヌは2億個以上もあります。

イモガイ 29

からが円錐形の巻貝で、房総半島・能登半島以南に分布します。おおくが毒のあるモリをもちます。

エラブウミヘビ 27

●全長 0.7~1.5m
●分布 南西諸島の沿岸

コブラのなかまで、ひるまは岩かげにいて、夜になると泳いで魚をとらえます。マムシの70倍以上の毒の強さですが、口が小さいので、人がかまれることはあまりありません。

エリマキトカゲ 18-19

●全長 60~90cm
●分布 オーストラリア北部、ニューギニア

森林にすみます。いつもは木のみきやえだにいます。おもに昆虫を食べます。地上を歩くときは後ろ足で立ち上がります。きけんがせまると、首のまわりのひだを広げておどします。

猿人 12-13

600万年前から130万年前くらいにいた人類の祖先で、さまざまな種がいました。アウストラロピテクス属から、わたしたち人類が属するホモ属が進化したとかんがえられています。

オオツノヒツジ 10-11

●体長 1.6~1.9m
●体重 30~145kg
●分布 北アメリカ

ビッグホーンともいいます。大きな野生のヒツジで、高地の草原に群れでくらしています。オスの角は巨大で、1mをこえる長さがあります。一夫多妻で、メスをめぐって、オスどうしはあらそいます。まず、角をみせつけ合って、それでも勝負がつかないときは、角をぶつけ合います。

カ

カツオノエボシ 29

●かさの直径 約10cm

夏になると、海岸に流れつきます。触手は長さ10mにもなり、魚などをからめ、毒ばりをうちこんでから食べます。人間がさされると、強い痛みとともに大きくはれ上がります。

カマキリ 22-23

日本にはチョウセンカマキリ、オオカマキリ、コカマキリ、ハラビロカマキリなどがいます。肉食性で、まちぶせをして昆虫などをとらえて食べます。

カメレオン 32-33

アフリカ、マダガスカル、ユーラシア南西部などにさまざまなカメレオンがいます。さきがネバネバの舌を発射して、昆虫をとらえます。からだの色を変化させることができます。

ガンガゼ 21

●からの直径 5~9cm
●分布 房総半島以南の磯など

とげは20~30cmで、毒があります。さきはするどく、ささるとかんたんにおれて、かえしがついていてぬけにくくなっています。海藻などを食べます。

キングコブラ 26-27

●全長 3.6~4.6m
●分布 インド、東南アジア

山地の森林にいて、おもにほかのヘビを食べます。毒は神経毒で強く、量がとてもおおいのできけんな毒ヘビです。

クマ 30-31

ホッキョクグマ、ヒグマ、ツキノワグマ、アメリカヒグマ、アメリカグマ、マレーグマなどがいます。おおくが雑食性です。

グリーンバシリスク 18

●全長 60~70cm ●体重 約300g
●分布 中央アメリカ

イグアナ科のトカゲです。青みがかった緑色のからだで、おとなのオスにはトサカがあります。きけんがせまると、泳いだり、水中にもぐったり、後ろ足だけで立ち上がり、水の上を走ってにげます。

コウテイペンギン 30-31

●全長 120cm ●分布 南極周辺

最大のペンギンです。魚、イカを食べます。せん水が得意で、16分間、ふかさ564mという記録があります。

コブシメ 33

●胴の長さ 50cm ●分布 奄美諸島以南

コウイカのなかまで、カニや小魚をとらえて食べます。

サイ 14-15

大型の草食動物です。頭に1~2本の角があります。アフリカにはシロサイ、クロサイがいて、インドや東南アジアにはインドサイ、ジャワサイ、スマトラサイがいます。

スズメバチ 22-23

日本にはオオスズメバチ、コガタスズメバチ、キイロスズメバチ、モンスズメバチ、クロスズメバチなどがいます。女王バチ、はたらきバチなど役割がわかれた社会をつくり、地面の下、木のえだ、家ののき下など、種によっていろいろな場所に巣をかまえます。

タヌキ（ホンドタヌキ） 16-17

●体長 50~60cm ●体重 4~10kg
●分布 本州、四国、九州

山地、住宅地などにすみます。夜行性で、ネズミなどの小動物、昆虫、果実などなんでもさがして食べます。北海道には別亜種のエゾタヌキがいます。

チンパンジー 12-13

●体長 74 ~ 96cm
●体重 26 ~ 70kg
●分布 アフリカ

サバンナや熱帯雨林にすみます。群れをつくります。頭がよくて、道具を使ってシロアリを釣ったり、かたい木の実を石を使ってわったりします。

トリケラトプス 14-15

●全長 7~9m ●体重 7~9t
●分布 北アメリカ

7000万~6500万年前にいた、4足歩行の草食恐竜です。3本の角と、首の後ろのフリルがとくちょうで、角とフリルは、ティラノサウルスなどの肉食恐竜に対して身を守る武器とかんがえられています。口さきはくちばしのようで、植物をつみとって食べていました。

ナ

ナゲナワグモ 24-25

もともと北アメリカにいるクモをナゲナワグモとよびましたが、オーストラリアや日本にいるイセキグモのなかまも糸をふりまわして、えものをとることから、これらのクモをまとめてナゲナワグモとよんでいます。

パキケファロサウルス 10-11

●全長 約7m
●体重 約800kg
●分布 アメリカ

7500万年~6500万年前にいた、2足歩行の草食恐竜です。頭のてっぺんがもり上がった堅頭竜のひとつです。木の葉を食べていたとおもわれます。

バシリスク 18-19

イグアナ科のトカゲで、全長は60～80cm、ブラウンバシリスク、グリーンバシリスクなどがいます。おもに中央アメリカの水辺の森林にすんでいて、昆虫、小動物、果実などを食べます。きけんがせまると、泳いだり、水中にもぐったり、後ろ足だけで立ち上がり、水の上を走ってにげます。

ハブ 26-27

南西諸島にいる毒ヘビで、ホンハブ、ヒメハブ、サキシマハブ、トカラハブ、タイワンハブがいます。

ハリセンボン 20-21

●全長 約30cm
●分布 日本各地の沿岸

フグのなかまですが、毒はありません。貝、ウニなどをじょうぶな歯でかみくだいて食べます。とげはうろこが変化したもので、きけんがせまると水や空気を吸ってからだをふくらませて、とげを立てます。

パンサーカメレオン 32

●全長 約45cm
●分布 マダガスカル

林にすみ、昆虫などを食べます。ふだんは緑色をしていますが、からだの色を変化させることができます。

ヒョウモンダコ 28-29

●全長 約12cm
●分布 小笠原諸島、南西諸島

もともと南の海にいるタコですが、海水温が上昇しているためか、生息域が北上しています。小型のタコですが、だ液にフグとおなじテトロドトキシンという猛毒をもちます。エビやカニをとらえて食べます。

ヒラタグモ 25

●体長 9～10mm
●分布 本州～南西諸島

人間の家のかべに糸で巣をつくり、その中にひそんでいます。巣からは受信糸が四方にのびていて、えものの虫がその受信糸にふれると、ゆれを感じて巣からとびだして、つかまえます。

ブタ 6-7

約1万年前から、アジアやヨーロッパの各地で、野生のイノシシをもとに家畜化されてきました。おもに肉をとるためにヨークシャー種、ランドレース種、黒豚などのたくさんの品種が作出されています。祖先のイノシシがするどい嗅覚を使って、土の中のイモや植物の根などをさがしたように、ブタも祖先からすぐれた嗅覚をひきついでいます。

ペンギン 30-31

コウテンペンギン、オウサマペンギン、アデリーペンギン、イワトビペンギン、フンボルトペンギンなどがいます。南半球にいて、北半球にはいません。

ホンハブ 26

●全長 1～2m
●分布 南西諸島

平地から山地にすみ、夜行性でネズミやウサギなどをとらえて食べます。毒ヘビで、毒はニホンマムシよりよわいのですが、量がおおくてきけんです。

マムシ（ニホンマムシ）27

●全長 45～60cm
●分布 日本全土

平地や山地の水辺にいます。夜行性で、カエル、トカゲ、ネズミなどを食べます。毒ヘビで毒は出血毒、ハブの3倍の強さです。

マメイタイセキグモ 24

●体長 8～9mm
●分布 本州～南西諸島

糸をふりまわしてえものをとるナゲナワグモの一種です。

ムツトゲイセキグモ 24

●体長 12mm
●分布 本州中部～南西諸島

糸をふりまわしてえものをとるナゲナワグモの一種です。

ムラサキウニ 20-21

●からの直径 約6cm
●分布 本州～九州の磯など

磯の岩のあいだなどにいて、海藻を食べます。食用になります。

メダマグモ 24-25

オーストラリア、アジア、アフリカなどにいろいろなメダマグモがいます。夜行性で、大きな目をもっているので、このなまえがあります。ひるまは木のえだなどにじっとしています。夜になると、地面近くに糸で足場をつくってぶら下がり、四角いあみをもって、下をとおるえものにかぶせてとらえます。

ルーシー 12

1974年、アフリカのエチオピアで化石が発掘された、約320万年にいたアウストラロピテクス・アファレンシスのメスです。身長1.1m、体重約29kgです。発見した研究者によって、ルーシーとニックネームがつけられました。